疯狂的十万个为什么系列

小笨熊 这就是数理化 11

崔钟雷 主编

化学：金属·溶液

黑龙江美术出版社

杨牧之 国务院批准立项 国家重大出版工程《中国大百科全书》总主编

1966年毕业于北京大学中文系，中华书局编审。曾经参与创办并主持《文史知识》（月刊）。1987年后任国家新闻出版总署图书司司长、副署长。第十届全国人大代表、教科文卫委员会委员。现任《中国大百科全书》总主编、《大中华文库》总编辑、《中国出版史研究》主编。

崔钟雷主编的“疯狂十万个为什么”系列丛书、百科全书系列丛书，是用中国价值观、中国人喜闻乐见的形式，打造的送给孩子们的名家彩绘版科普读物。我祝贺它们的出版。

杨牧之
2018.1.9
北京

崔钟雷主编的“疯狂十万个为什么”系列丛书、百科全书系列丛书，是用中国价值观、中国人喜闻乐见的形式，打造的送给孩子们的名家彩绘版科普读物。我祝贺它们的出版。

杨牧之
2018.1.9
北京

目录

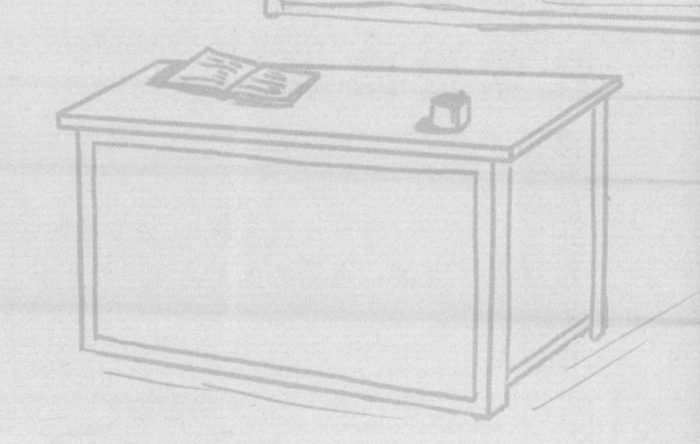

金属有哪些化学性质呢？

金属化学性质

金属可以与氧气、盐酸和稀硫酸以及某些金属的化合物溶液发生反应。

阿伦，你看，金属家族上报纸了！
它们还真上镜！爷爷，你能给我讲讲这个家族吗？
金属家族

好，爷爷今天就带你学习一下金属的化学性质！

钠
金属可以和氧气发生反应，我就是其中的典型代表。

常温下，我们可以和氧气反应生成白色的氧化钠。
我们每时每刻都想和氧气发生反应。

我必须保存在隔绝空气和水的环境中。

大多数金属都可以与氧气发生化学反应，但是反应的难易和剧烈程度有所不同，金属反应活泼程度由强到弱分别为：镁、铝、铁、铜、金。

位于金属活动性顺序表中氢以前的金属都可以与酸发生反应，生成盐和氢气，只是发生反应的剧烈程度不同，排得越靠前，发生的反应也就越剧烈。

镁、锌、铁、铜四人正在打赌，谁在稀盐酸里待的时间最长。

我不跟稀盐酸反应，当然是我赢了。
铜
锌
稀盐酸
镁
铁
锌、铁，快出来吧，等会儿我们都被溶解掉了。

铜无法跟稀盐酸和稀硫酸反应，它们选错了对手！
哈哈哈！

金属活动性顺序表

嫁给那美女
锌铁四千斤
铜共银百斤

翻译过来就是：钾钙钠镁铝，锌铁锡铅氢，铜汞银铂金。

金属有哪些物理性质呢？

金属物理性质

常温下，大多数金属都是固体（汞除外），有金属光泽，大多数金属是电和热的良导体，有延展性，密度较大，熔点较高。

化学银行遭到抢劫，银行保安“铁”和躲在金库睡觉的“金”将歹徒制伏！

小毛贼！遇到我们金属家族，看你们怎么跑！
铁
大侠饶命啊！

抓你们还不简单吗？哈哈哈！
金

这些勇猛的金属究竟有什么秘密呢？我得采访一下它们！
记者露西
金属家族

当露西找到金属家族族长时……

我们家族成员都很忙，只有几个代表能接受采访。

好吧，请安排我和它们见面吧。
终于要见到偶像了！

这就是金属家族的成员啊！老族长还是很靠谱的！

我是铁，我来为你引荐几位金属代表。

我是浑身散发着青铜光芒的铜。

我是金，在银行制伏歹徒也有我的功劳。

我是银，我的导热性能很好。

我是身着流动的水银长袍的汞。
我是铝。

疯狂的小笨熊说

汞，又称水银。2017年，汞和无机汞化合物被世界卫生组织国际癌症研究机构列入3类致癌物清单中。

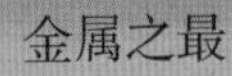

金属之最

铝：地壳中含量最高的金属元素
钙：人体中含量最高的金属元素
银：导电、导热性最好的金属
铁：目前世界上年产量最高的金属
金：延展性最好的金属

我设立了“金属之最”榜，所有上榜的金属家族成员都受到大家的尊敬。

能不能给我们简单介绍一下大家的物理性质和特点呢？

我们金属大部分都呈银白色，有金属光泽（金是黄色，铜是紫红色），常温下一般是固体（汞是液体），密度较大，熔点较高，有良好的导电性、导热性和延展性。至于特点，让它们自己说吧！

我的导电性好，所以广泛用于电子制造业。
铜

我的延性好，最细的铂丝直径仅有 1/5 000 毫米。
铂

我的熔点高，可以做灯丝。
钨

金
我的展性好，可以压成厚度只有 1/10 000 毫米的薄片，并且我很稀有，因此象征着财富，常用于制作饰品。

我是金属单质中唯一一个汉字不是金字旁的金属，为了显得不是那么不合群，我给自己起了“水银”这个名字。我还是在常温、常压下唯一以液态存在的金属，我在空气中稳定，常温下蒸发出的汞蒸气有剧毒，所以大家要小心。

汞

当心！它有剧毒。
它怎么和我们不一样？是液体！

冶金工业
五色金属
黑色金属
密度
重金属
稀有度
常见金属
稀有金属
按照不同的分类标准，我们金属包括……

合金和普通金属有什么区别？

硬
美
18K

合金

合金是在金属中加热熔合某些金属或非金属制得的具有金属特征的物质。

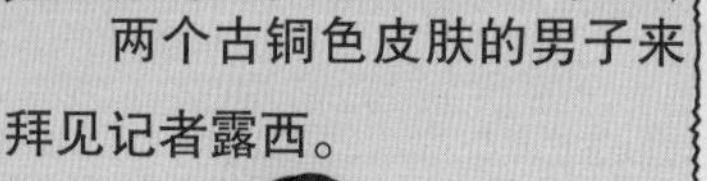
两个古铜色皮肤的男子来拜见记者露西。

你说你们是合金，那是什么？

你好，露西小姐，我们属于金属家族的下属家族——合金家族。我是生铁，它是钢。
生铁
我们合金在生活中十分常见，比如铝合金、青铜等。

我的窗户支架就是由合金家族中的铝合金制成的。

我是由不锈钢制成的。

我的原材料是青铜。

我们合金比普通金属更受欢迎。

生铁

合金比普通金属颜色更鲜艳，硬度更大，并且多数合金的熔点低于它的成分金属，抗腐蚀能力更强。

今天纯金属啦啦队的人很少啊。
看来我们赢定了。
加油！
加油！
纯金属啦啦队
合金啦啦队
那是当然，我们其实就是含碳量不同的铁的合金，我的含碳量为2%~4.3%，你的含碳量为0.03%~2%。
大家都说我们长得和铁很像。
生铁
钢
这个道理就和混血儿一样。
混血儿

金的纯度可以用百分比表示，比如“九九金”表示金的纯度达99.9%。除此之外，还有别的方法表示纯度。18K金指的是黄金含量至少达到75%的合金。K金的计算方式是将纯黄金分为24份，24K金即足金，18K金即金含量为18/24的合金，其余25%为其他贵金属，包括铂、镍、银、钯金等。

我虽然不是纯金，但具有延展性强、坚硬度高、色彩多变等优点，运用在饰品设计上，能尽情展现复杂精美的创意。
硬
美
18K
纯
贵
你说得对……

聪明的小笨熊说

进入 21 世纪，合金的应用更加广泛，应用领域有火箭、导弹、航天飞机、化工、人造骨制造、通信设备等。

你们合金还有哪些代表人物呢？
当然还有我们钛家族的成员！
钛合金

钛姐姐，我非常仰慕您，可以给我签个名吗？
当然可以。
钛

钛和钛合金被认为是21世纪的重要材料，具有很多优良的性能，如熔点高、密度小、可塑性好、易于加工、机械性能好等，尤其是抗腐蚀性能非常好。
钛合金
钛合金，可以和你拍张照片吗？

十分感谢二位让我了解到了这么多我遗漏的消息，这样我的报道会更充实的。
不必客气，这是我们应该做的，时间也不早了，我们先走了！
生铁
钢
有缘再见！

果珍是如何生产出来的呢？

溶液

一种或几种物质分散到另一种物质里，形成均一的、稳定的混合物，叫作溶液。

小玲，你有什么事情啊？
欢迎光临
不紧张老师很忙，但是小玲已经打了8个电话……

下班别忘了给我买袋果珍，谢谢啦！

什么？你说这是蔗糖溶液！什么是溶液？

溶液就是一种或几种物质分散到另一种物质里，形成均一的、稳定的混合物。

果珍

1.溶液一定是混合物，所以混合物一定是溶液，不一定！2.溶液一定是均一、稳定的，所以均一、稳定的一定是溶液，不一定！3.溶液一定是无色的，不一定！4. 无色透明的液体一定是溶液，不一定！

不一定先生

疯狂的小笨熊说

溶液是由溶质和溶剂组成的，其中溶剂是能溶解其他物质的物质，例如水、酒精；溶质是被溶解的物质，可以是固体、液体，也可以是气体。

为什么 100 毫升溶质和 400 毫升溶剂混合在一起后，容积少于 500 毫升?
因为粒子之间存在间隙啊。

将眼前这三种溶质分别溶于温度相同的水中，完全溶解后测量溶液的温度。

氯化钠溶液（温度中等）

硝酸铵溶液（温度低）

氯化钠溶液温度没变，硝酸铵溶液温度降低了，氢氧化钠溶液的温度升高了。

氢氧化钠溶液（温度高）

溶液真是太有趣了，不紧张老师，一会儿再给我讲讲关于溶液其他有用的知识。

说得我都饿了。

疯狂的小笨熊说

物质溶解时通常伴随着热量变化，当扩散过程中吸收的热量大于水合过程中放出的热量，溶液温度降低，表现为吸热；当扩散过程中吸收的热量小于水合过程中放出的热量，溶液温度升高，表现为放热；扩散过程中吸收的热量等于水合过程中放出的热量，溶液温度不变，没有明显的热现象。

怎样配制出你喜欢的果珍呢？

溶液饱和度

在一定温度下，向一定量的溶剂里加入某种溶质，当溶质不能继续溶解时所得到的溶液，叫作该物质的饱和溶液。

杯子里有一些果珍粉末就是不溶解，怎么回事呢？
溶液饱和了吧！在一定温度下，向一定量溶剂里加入某种溶质，当溶质不能继续溶解时所得到的溶液，叫作“饱和溶液”。

有饱和溶液，是不是就有不饱和溶液呢？

当然！

如何判断一种溶液是否饱和，这个问题很高深！
冒牌老师
这还算高深？

聪明的小笨熊说

在一定温度下，向一定量的溶剂里加入某种溶质，当溶质还能继续溶解时所得到的溶液，叫作该物质的不饱和溶液。

这些是粗盐，通过蒸发溶剂的方法提炼出来的，这个方法也被称为“结晶”。

快告诉我什么是结晶！

热的溶液冷却后，已溶解在溶液中的溶质以晶体的形式析出，这一过程叫结晶。

为什么溶质会析出呢？

因为超出了溶解度。溶解度分为固体溶解度和气体溶解度，其中固体溶解度就是在一定温度下，某固态物质在 100 克溶剂里达到饱和状态时所溶解的质量；气体溶解度指该气体在压强为 101 千帕和一定温度下，溶解在 1 体积水里达到饱和状态时气体的体积。

固体溶解度有四个要素，概括为：剂、质、温、饱。我觉得这比较难记，就偷偷改成：记着温饱。

固体溶解度四要素：
剂、质、温、饱
记着温饱

好吧，下次记得多讲一些化学的知识啊！
今天很累了，下回再给你接着讲。

实验室中，如何配制溶液？

配制溶液

用化学物品和溶剂（一般是水）配制成实验过程中所需要浓度的溶液的过程就叫作配制溶液。

探险队队员小明是小盐巴的老朋友，这天他们在森林中偶遇。
小盐巴，是你啊！
你好！今天我来教你如何在实验室中配制溶液！
病人在医院输液所用的生理盐水是氯化钠溶液。
日常生活中常见的食用盐，主要成分也是氯化钠。
盐

“盐巴”就是人们日常生活中所说的“食盐”。为了消除碘缺乏的危害，人们在生活中需要长期食用加碘食盐。

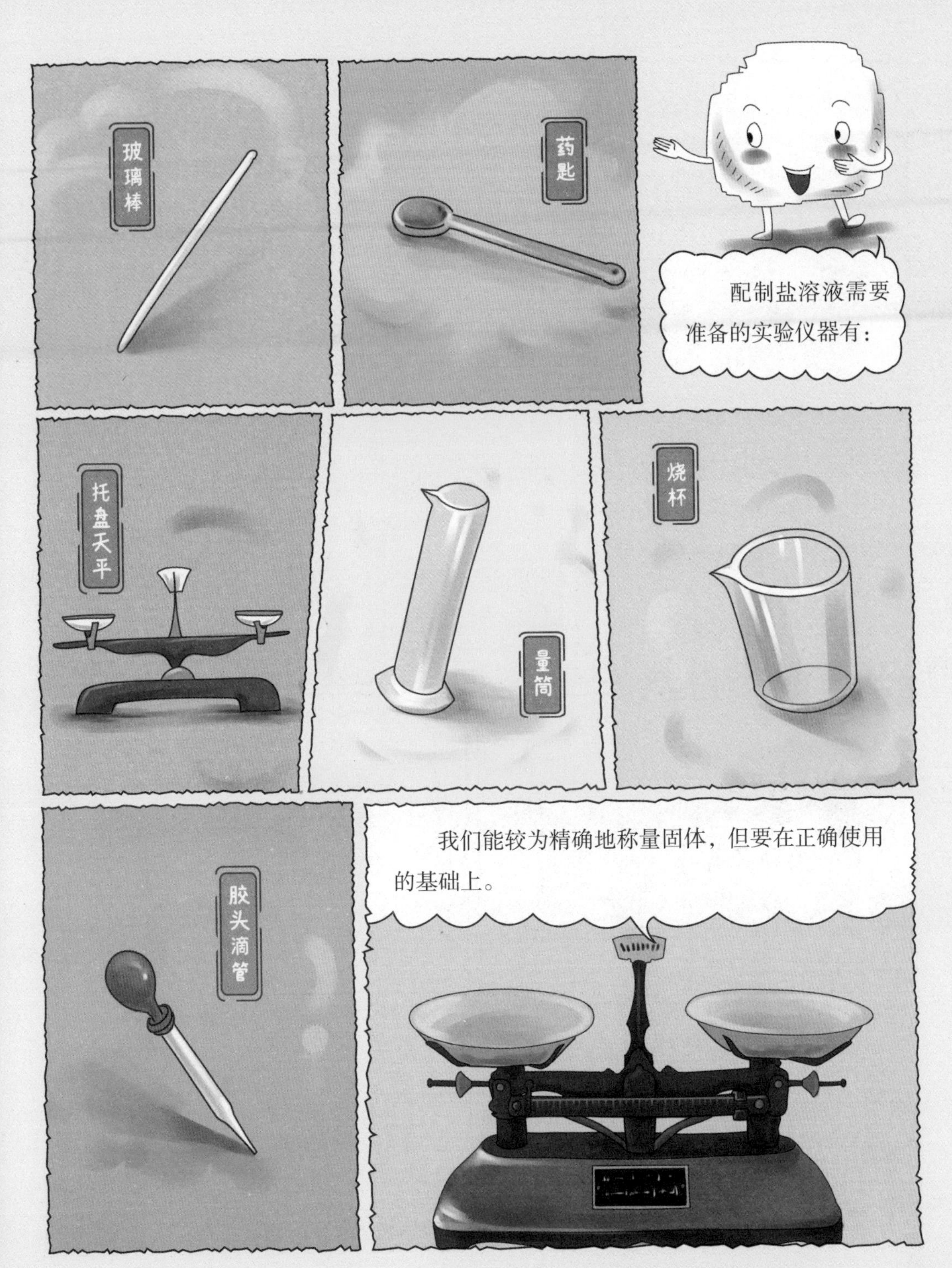
玻璃棒
药匙
配制盐溶液需要准备的实验仪器有：
托盘天平
量筒
烧杯
胶头滴管
我们能较为精确地称量固体，但要在正确使用的基础上。

配制溶液需要以下几个步骤。

配制 100 克质量分数为 10%的氯化钠溶液：第一步，计算配制 100 克质量分数为 10%的氯化钠溶液所需氯化钠的质量为 100 克 × 10% =10 克,所需水的质量为 100 克 –10 克 =90 克,所需水的体积为 90 克 ÷ 1 克 / 毫升 =90 毫升。

NaCl
第二步,用托盘天平称量 10 克的氯化钠,倒入烧杯中。

第三步，用量筒量取 90 毫升的水，倒入盛有氯化钠的烧杯里,用玻璃棒搅拌,使氯化钠溶解。

疯狂的
小笨熊说

量筒是量度液体体积的仪器。规格以所能量度的最大容量(毫升)表示,常用的有 10 毫升、25 毫升、50 毫升、100 毫升、250 毫升、500 毫升、1 000 毫升等。外壁刻度都是以 ml 为单位,10 毫升量筒每小格表示 0.2 毫升,而 50 毫升量筒每小格表示 1 毫升。

最后一步,把配好的溶液装入试剂瓶并贴上标签(标签中应包括药品名称和溶液中溶质的质量分数),并放到试剂柜中。

在配制氯化钠溶液的过程中,我们需要用量筒量取一定量的水。在观察量筒上的刻度时,视线与量筒内液体的凹液面的最低处要保持水平,再读出所取液体的体积数。

在我的精心指导下,大家成功地配制出了氯化钠溶液!

骄傲!

化学
小课堂

不锈钢的发明

▲ 厨房用具有很多都是不锈钢制成的。

不锈钢的发明和使用，要追溯到第一次世界大战时期。那时，士兵用的步枪枪膛极易磨损，于是，英国科学家布雷尔利便想发明一种不易磨损的合金钢，供人们使用。经过大量的实验，布雷尔利认识到熔合后产生的金属对铁锈具有抵抗力。后来，经过更多的实验和研究，才有了今天的不锈钢。

“危险”的一氧化碳

一氧化碳是一种我们生活中常常接触到的无色、无味的气体。我们必须对一氧化碳保持充分的警惕，因为一氧化碳是一种有剧毒的气体，它被吸进肺里以后很容易与血液中的血红蛋白结合，使血红蛋白不能很好

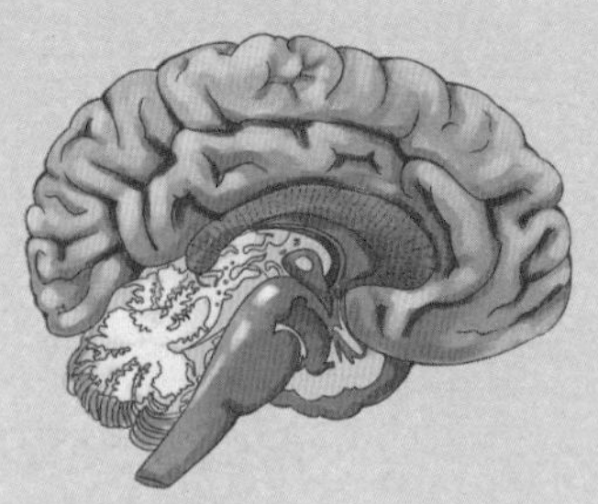
▲ 一氧化碳中毒后，最容易损伤的器官是脑。

探索
发现

地与氧气结合，人们可能因缺少氧气而死亡，这就是煤气中毒的原因。另外，一氧化碳还具有可燃性，燃烧火焰呈蓝色，因此，煤气泄漏后千万不可有明火。

“多才多艺”的铜

铜可用于电力输送，电力输送中需要消耗大量高导电性的铜，主要用于动力线电缆、汇流排、变压器、开关、接插元件和连接器等。铜还可用于电机制造，在电机制造中，人们广泛使用高导电和高强度的铜合金。铜也可用于通信电缆，但是自上世纪80年代以来，由于载流容量大等优点，光纤电缆在通信干线上不断取代铜电缆，并迅速推广应用。即便如此，把电能转化为光能，以及输入用户的线路仍需使用大量的铜。随着通信事业的发展，人们对通信的依赖越来越大，对光纤电缆和铜电线的需求都会不断增加。

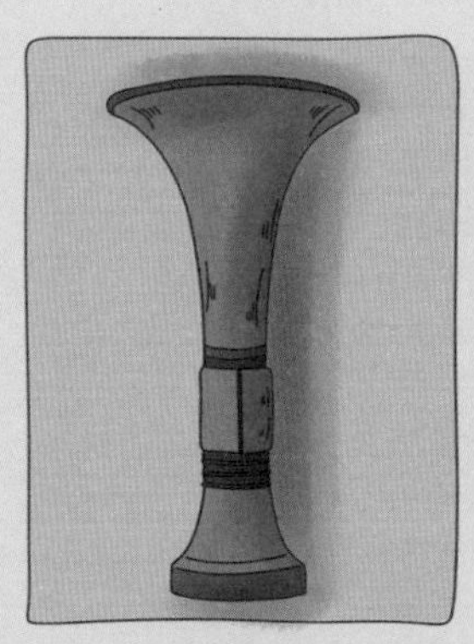
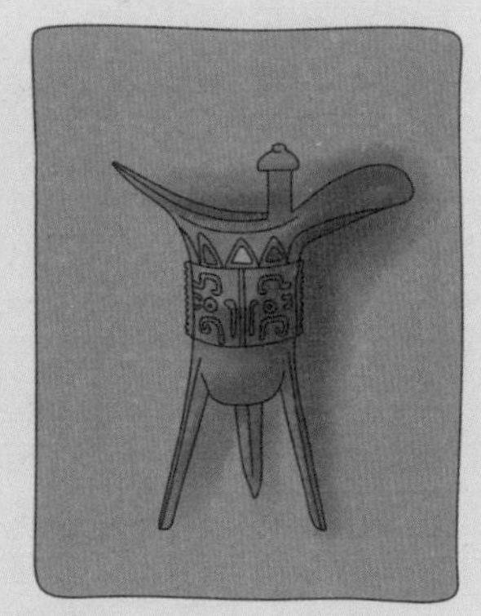

▲ 盛酒的青铜器皿盛行于殷商时期。

图书在版编目(CIP)数据

小笨熊这就是数理化. 这就是数理化. 11 / 崔钟雷主编. -- 哈尔滨：黑龙江美术出版社，2021.4
(疯狂的十万个为什么系列)
ISBN 978-7-5593-7259-8

Ⅰ. ①小… Ⅱ. ①崔… Ⅲ. ①数学－儿童读物②物理学－儿童读物③化学－儿童读物 Ⅳ. ①O-49

中国版本图书馆 CIP 数据核字(2021)第 059017 号

书　　名 / 疯狂的十万个为什么系列
FENGKUANG DE SHI WAN GE WEISHENME XILIE
小笨熊这就是数理化 这就是数理化 11
XIAOBENXIONG ZHE JIUSHI SHU-LI-HUA
ZHE JIUSHI SHU-LI-HUA 11

出 品 人 / 于　丹
主　　编 / 崔钟雷
策　　划 / 钟　雷
副 主 编 / 姜丽婷　贺　蕾
责任编辑 / 郭志芹
责任校对 / 徐　研
插　　画 / 李　杰
装帧设计 / 稻草人工作室
出版发行 / 黑龙江美术出版社
地　　址 / 哈尔滨市道里区安定街 225 号
邮政编码 / 150016
发行电话 / (0451)55174988
经　　销 / 全国新华书店
印　　刷 / 临沂同方印刷有限公司
开　　本 / 787mm × 1092mm　1/32
印　　张 / 9
字　　数 / 300 千字
版　　次 / 2021 年 4 月第 1 版
印　　次 / 2021 年 4 月第 1 次印刷
书　　号 / ISBN 978-7-5593-7259-8
定　　价 / 240.00 元(全十二册)